LE SYSTÈME DIGESTIF

ET

LA NUTRITION

CE QUE VOUS DEVEZ SAVOIR
(QUESTIONS ET REPONSES)

Par Rumi Michael Leigh

Introduction

Je tiens à vous remercier et à vous féliciter pour le téléchargement de ce livre, *"Anatomie et physiologie, le système digestif et la nutrition, ce que vous devez savoir (questions et réponses)"* séries.

Ce livre vous aidera à comprendre, réviser et à avoir une bonne connaissance générale et des mots clés de l'anatomie humaine et de la physiologie.

Encore merci d'avoir téléchargé ce livre, j'espère que vous l'apprécierez !

Questions : Partie 1

1. Qu'est-ce que la laparotomie ?
2. Qu'est-ce que la propulsion mécanique ?
3. Qu'est-ce que la digestion mécanique ?
4. Qu'est-ce que la ghréline ?
5. Quelle est l'hormone qui stimule la ghréline ?
6. Qu'est-ce que l'Iléostomie ?
7. Qu'est-ce que les micelles ?
8. Qu'est-ce que le cycle entéro-hépatique ?
9. Qu'est-ce que la pancréatite ?
10. Quelle est la fonction des cellules acineuses ?
11. Quelle est la fonction des trypsines ?

Réponses : Partie 1

1. C'est l'ouverture de l'abdomen par chirurgie.
2. La déglutition et le péristaltisme.
3. La digestion mécanique est la mastication de la nourriture avec l'aide de la langue et la salive, le broyage par les dents, le pétrissage par l'estomac et la segmentation par l'intestin grêle.
4. C'est une hormone qui stimule l'appétit.
5. L'hypothalamus.
6. C'est l'abouchement de l'iléon à la peau.
7. Ce sont des petites gouttelettes de graisse.
8. C'est la réabsorption des acides biliaires dans le sang par l'intestin grêle puis ces acides biliaires retournent par la veine porte au foie et ensuite sont ré-sécrétés dans les voies biliaires par les hépatocytes.
9. C'est la brûlure chimique du pancréas.

10. La sécrétion des enzymes pancréatiques sous forme inactive.
11. Ce sont des peptidases qui aident à la digestion des protéines.

Questions : Partie 2

1. Qu'est-ce que les lobules ?
2. Est-ce que les sinusoïdes augmentent la circulation sanguine ?
3. Quelle est la fonction des cellules de Kupffer ?
4. Qu'est-ce que l'hépatomégalie ?
5. Quelle est la fonction de l'albumine ?
6. Expliquez le diabète de type 1.
7. Chez qui est-ce que le diabète de type 1 est fréquent ?
8. Expliquez le diabète de type 2.
9. A qui le diabète de type 2 est-il souvent lié ?
10. Qu'est-ce que la glycogénèse ?
11. Qu'est-ce que la glycogénolyse ?

Réponses : Partie 2

1. Ce sont les unités fonctionnelles du foie.
2. Non, les sinusoïdes ralentissent la circulation sanguine.
3. Elles débarrassent le sang des bactéries.
4. C'est une augmentation de la taille du foie.
5. Albumine retient les liquides dans le sang.
6. C'est quand le corps et les cellules n'arrivent plus à produire de l'insuline.
7. Chez les enfants.
8. C'est quand le corps devient insensible à l'insuline même quand il y a une production de l'insuline.
9. Aux personnes obèses.
10. C'est la formation de glycogène à partir de glucose.
11. C'est la dégradation du glycogène pour libérer du glucose dans le sang.

Questions : Partie 3

1. Quelle est la fonction du mésentère ?
2. Quelle est la fonction du péritoine ?
3. Qu'est-ce que l'urobilinogène ?
4. Qu'est-ce qui donne la couleur marronne des fèces ?
5. Qu'est-ce que l'ictère ?
6. Nommez une cellule delta de l'intestin.
7. Qu'est-ce que la bilirubine libre ?
8. Qu'est-ce que la bilirubine conjuguée ?
9. Qu'est-ce que la thermogenèse alimentaire ?
10. Qu'est-ce que la xérostomie ?
11. Qu'est-ce que le pyrosis ?

Réponses : Partie 3

1. Le mésentère permet le passage des vaisseaux sanguins, des nerfs et des lymphatiques.
2. Le péritoine maintien les organes en place dans la cavité abdominale et les protègent.
3. L'urobilinogène donne la couleur jaune de l'urine.
4. La stercobilinogène.
5. C'est la coloration jaune de la peau.
6. La somatostatine.
7. C'est du pigment jaune de l'urine toxique.
8. C'est du pigment jaune de l'urine non-toxique.
9. C'est l'énergie utilisée pour la digestion.
10. La xérostomie est la bouche sèche.
11. Le pyrosis est la brûlure d'estomac.

Questions : Partie 4

1. Qu'est-ce que la gastrite ?
2. Quelle est la fonction du facteur intrinsèque ?
3. Définissez l'héméralopie.
4. Quelle est la cause de l'héméralopie ?
5. Quelle est la plus petite partie de l'intestin grêle ?
6. Quelle est la plus grande partie de l'intestin grêle ?
7. Qu'est-ce qui rejoint le caecum à la jonction iléo-caecale ?
8. Nommez les parties de l'estomac.
9. Qu'est-ce qui est attaché au caecum ?
10. Quelle est la fonction de la veine porte ?
11. La propulsion est dans quelle partie du tube digestif ?

Réponses : Partie 4

1. C'est l'inflammation de la paroi de l'estomac.
2. Il permet l'absorption de la vitamine B12.
3. C'est la cécité nocturne.
4. L'héméralopie peut être causée par une carence en vitamine A.
5. Le duodénum.
6. L'iléon.
7. L'iléon.
8. Le cardia, l'antre, le fundus, le corps et le canal pylorique.
9. L'appendice.
10. Elle alimente le foie.
11. Elle est située tout le long du tube digestif.

Questions : Partie 5

1. Par quel genre de muscle le péristaltisme est-il produit ?
2. Par quel mouvement la segmentation mélange-t-elle la nourriture ?
3. Est-ce que la défécation est un réflexe volontaire ?
4. Combien y a-t-il de sphincter de l'anus ?
5. Quels sont les 2 sphincters de l'anus ?
6. Donnez la fonction des 2 sphincters de l'anus.
7. Nommez les 4 couches musculaires du tube digestif.
8. Quelle est la fonction des 4 couches musculaires du tube digestif ?
9. De quoi est constituée la muqueuse ?
10. Quel genre de tissu le chorion est-il ?
11. De quoi est composée la séreuse ?

Réponses : Partie 5

1. Des muscles lisses.
2. Par des contractions rythmiques.
3. Une partie est volontaire et l'autre involontaire.
4. 2.
5. Le sphincter interne et le sphincter externe.
6.
- Le sphincter interne : c'est la partie involontaire.
- Le sphincter externe : c'est la partie volontaire.
7. La muqueuse, la sous-muqueuse, la musculeuse et la séreuse.
8.
- La muqueuse : la sécrétion du mucus, des hormones et des enzymes digestives.
- La sous-muqueuse : elle est très vascularisée. Elle nourrit les tissus.
- La musculeuse : c'est une couche épaisse qui sert aux mouvements de

contraction, segmentation, péristaltisme et brassage.
- La séreuse : la protection et revêtement.
9. L'épithélium, le chorion et les muscles lisses.
10. Un tissu conjonctif.
11. Le mésentère et le péritoine viscéral.

Questions : Partie 6

1. Est-ce que l'œsophage fait partie de la cavité abdominale ?
2. Comment appelle-t-on le trou dans le diaphragme fait par l'œsophage ?
3. Est-ce que l'appendice possède 4 couches musculaires comme les autres muscles du tube digestif ?
4. Combien de bords l'estomac a-t-il ?
5. Nommez les 2 bords de l'estomac.
6. Pourquoi est-ce que la vitamine B12 est si importante ?
7. Qu'est-ce qui transforme la pepsinogène dans sa forme active ?
8. Quelle est la forme active de la pepsinogène ?
9. Est-ce que la lipase est produite dans l'estomac ?
10. Que sécrètent les cellules G ?
11. Quelles sont les stimulations de la gastrine ?

Réponses : Partie 6

1. Oui.
2. Le hiatus œsophagien.
3. Oui.
4. 2.
5. La petite courbure et la grande courbure.
6. Elle est indispensable pour la formation des globules rouges.
7. L'HCl.
8. La pepsine.
9. Oui, en petite quantité.
10. La gastrine.
11. Les stimulations mécaniques, nerveuses et chimiques.

Questions : Partie 7

1. Est-ce que le côlon est indispensable dans la vie ?
2. Est-ce que les personnes alimentées par veine peuvent avoir des selles ?
3. Quels sont les rôles de la flore bactérienne ?
4. Nommez une hormone qui intervient dans la vésicule biliaire.
5. Qu'est-ce qui draine la bile des voies biliaires ?
6. De quoi est composée la bile ?
7. Quel est le pH de la bile ?
8. Quelle est la sécrétion biliaire par jour ?
9. Qu'est-ce qui peut remplacer la vésicule biliaire après une opération ?
10. Quels sont les pigments biliaires ?
11. Comment est-ce que la bilirubine est formée ?

Réponses : Partie 7

1. Non, on peut enlever une partie ou tout le côlon.
2. Oui, grâce à des cellules épithéliales.
3. La fermentation, la putréfaction, l'odeur aux fèces, la flatulence, la synthèse des vitamines B et K.
4. La CCK.
5. Le canal cholédoque.
6. L'eau, le cholestérol, les phospholipides, les électrolytes, les acides biliaires….
7. De 7 à 8.
8. De 600ml/J jusqu'à 800ml/J.
9. Le canal cholédoque.
10. Les pigments biliaires sont constitués de la bilirubine.
11. Elle est formée par la destruction de l'hémoglobine.

Questions : Partie 8

1. Comment est-ce que la bilirubine est éliminée du foie ?
2. Est-ce que la bilirubine non-conjuguée est hydrosoluble ou liposoluble ?
3. Par quoi sont fabriqués les acides biliaires ?
4. Comment se forme les calculs biliaires ?
5. Quelle est la capacité de la vésicule biliaire ?
6. Que provoque l'absence de la bile ?
7. Pourquoi est-ce que les calculs bilieux sont dangereux ?
8. Est-ce que l'on peut vivre sans vésicule biliaire ?
9. Est-ce que l'on peut vivre sans pancréas ?
10. Et si non, pourquoi ?
11. Où est-ce que les enzymes pancréatiques deviennent actives ?

Réponses : Partie 8

1. Elle doit être conjuguée.
2. Elle est liposoluble.
3. Le foie et les bactéries intestinales.
4. Ils se forment par la cristallisation du cholestérol.
5. 50 ml.
6. L'ictère, l'hémorragie, et l'impossibilité d'absorber les vitamines liposolubles.
7. Parce qu'ils bougent.
8. Oui.
9. Non.
10. On ne peut pas vivre sans pancréas à cause de ses fonctions endocrines et exocrines.
11. Dans le duodénum.

Questions : Partie 9

1. Quel genre de régime alimentaire les personnes souffrant de pancréatite doivent-elles suivre ?
2. Pourquoi est-ce que les enzymes pancréatiques sont inactivées avant d'entrer dans le duodénum ?
3. Quel est le seul organe capable de se régénérer ?
4. Combien de pourcentage du foie peut-on enlever ?
5. Combien de segment du foie peut-on enlever ?
6. Nommez les 3 canaux des cellules hépatiques.
7. Qu'est-ce qui ralentit la circulation sanguine ?
8. Nommez 2 entrées sanguines qui amènent du sang au foie.
9. Donnez des exemples de la cellulose.
10. Quelle vitamine est bonne pour l'apprentissage ?

11. Dans les fruits ou légumes par exemple, qu'est-ce qui peut détruire la vitamine C ?

Réponses : Partie 9

1. Un régime sans alcool.
2. Elles sont inactivées afin de ne pas détruire le pancréas.
3. Le foie.
4. 70%.
5. 3 segments.
6. La veine porte, la veine hépatique et les canaux hépatiques.
7. Les sinusoïdes.
8. La veine porte et l'artère hépatique.
9. Le pain, le riz, les céréales.
10. La vitamine B12.
11. La chaleur.

Questions : Partie 10

1. Où se trouve le sphincter de l'œsophage ?
2. Quel est le premier segment du petit intestin ?
3. Comment appelle-t-on les petits replis des parois du petit intestin ?
4. Qu'est-ce que l'hyperglycémie ?
5. Qu'est-ce que l'hypoglycémie ?
6. Quand il y a trop de sucre dans le sang, que sécrète le corps ?
7. Quand il n'y a pas assez de sucre dans le sang, que sécrète le corps ?
8. Qu'est-ce qui produit l'acide chlorhydrique ?
9. Est-ce que la déglutition est un réflexe volontaire ou involontaire ?
10. Est-ce que le tube digestif est à l'intérieur ou à l'extérieur du corps ?
11. Par quoi sont stimulées les sécrétions pancréatiques ?

Réponses : Partie 10

1. Au début de l'estomac (le cardia).
2. Le duodénum.
3. Les villosités.
4. C'est quand le taux de sucre du sang est élevé.
5. C'est quand le taux de sucre du sang est bas.
6. L'insuline.
7. Le glucagon.
8. Les glandes gastriques.
9. Elle est en partie volontaire et involontaire.
10. A l'extérieur du corps.
11. La Cholécystokinine (CCK), la sécrétine et le nerf vague.

Questions : Partie 11

1. Quelle est la fonction des villosités ?
2. Qu'est-ce qui produit les pepsinogènes ?
3. Pourquoi est-ce que le tube digestif est considéré être à l'extérieur du corps ?
4. Qu'arrive-t-il aux nourritures non-digérée dans le petit intestin ?
5. Qu'arrive-t-il aux nourritures digérées dans le petit intestin ?
6. Quelle est la fonction de l'amylase ?
7. Nommez les 9 quadrants abdominaux.
8. Quelle est la fonction des cellules caliciformes ?
9. Définissez ce qu'est la défécation.
10. Où se passe la digestion des protéines ?
11. Définissez ce qu'est la digestion chimique.

Réponses : Partie 11

1. Elles absorbent les nutriments digérés.
2. Les glandes gastriques.
3. Car il ne rentre pas dans la circulation sanguine. La circulation sanguine est considérée à l'intérieur du corps.
4. Elles passent par la valve iléo-caecale et entrent dans le gros intestin.
5. Elles deviennent des nutriments et ces nutriments entrent dans la circulation sanguine qui est ensuite transportée dans tous les tissus et cellules du corps.
6. Dégrader les sucres complexes en amidon.
7. La région ombilicale, l'hypocondre droit, le flanc droit, la fosse iliaque droite, la fosse iliaque gauche, le flanc gauche, la région épigastrique, la région hypogastrique, et l'hypocondre gauche.
8. La lubrification du tube digestif.

9. C'est l'élimination par l'anus des substances non digérées ou absorbées sous forme de fèces.
10. Elle se passe dans l'estomac.
11. C'est la dégradation des nourritures (des grosses molécules) par les enzymes.

Questions : Partie 12

1. Définissez la déglutition.
2. Est-ce que la déglutition est un processus volontaire ?
3. Est-ce que le péristaltisme est un processus volontaire ?
4. Quelles sont les étapes principales du système digestif ?
5. Quels sont les organes du tube digestif ?
6. Quels sont les organes digestifs annexes ?
7. Quelle est la fonction des glandes digestives annexes ?
8. Nommez 3 parties de l'intestin grêle.
9. Nommez les parties du gros intestin.
10. Qu'est-ce que la dysphagie ?
11. Qu'est-ce que le péristaltisme ?

Réponses : Partie 12

1. C'est le passage des aliments de la bouche à l'estomac.
2. Elle est en une partie volontaire et l'autre involontaire.
3. Non, c'est un processus involontaire.
4.
- L'ingestion.
- La propulsion.
- La digestion mécanique.
- La digestion chimique.
- L'absorption.
- La défécation.

5.
- La bouche.
- Le pharynx.
- L'œsophage.
- L'estomac.
- L'intestin grêle.
- Le gros intestin.

6.
- Les dents.

- La langue.
- Les glandes salivaires.
- Le foie.
- La vésicule biliaire.
- Le pancréas.

7. La production des enzymes digestives pour la dégradation des aliments.
8. Le duodénum, le jéjunum et l'iléon.
9.
- Le caecum.
- Le côlon ascendant.
- Le côlon transverse.
- Le côlon descendant.
- La sigmoïde.
- Le rectum.
- L'anus.

10. C'est la difficulté ou douleur à la déglutition.
11. C'est la contraction et relâchement des ondes successives involontaires.

Questions : Partie 13

1. Les voies digestives et leurs organes associés reçoivent combien de pourcent du débit cardiaque ?
2. Quelle est la longueur de l'œsophage ?
3. Quelle est la longueur de l'estomac ?
4. Quelle est la largueur de l'estomac ?
5. Quelle est l'épaisseur de l'estomac ?
6. Quelles sont les 3 couches musculaires de l'estomac ?
7. Qu'est-ce qui stimule le pancréas à sécréter du bicarbonate ?
8. Qu'est-ce qui produit la CCK ?
9. Qu'est-ce qui finit la digestion des peptides ?
10. Qu'est-ce qui finit la digestion des disaccharides ?

Réponses : Partie 13

1. De 25 à 30%.
2. De 23 à 25 cm.
3. Environ 25 cm.
4. Environ 12 cm.
5. Environ 8 cm.
6. La couche musculaire longitudinal, circulaire et interne.
7. La sécrétine.
8. La muqueuse duodénale.
9. Les peptidases.
10. Les disaccharidases.

Questions : Partie 14

1. Qu'est-ce que la stéatorrhée ?
2. Qu'est-ce que l'émulsion ?
3. Quelle est la fonction des acides biliaires ?
4. Quelles sont les cellules qui forment la bile ?
5. Quelle est la longueur de la vésicule biliaire ?
6. Quelle est la fonction de l'anus ?
7. Quelle est la fonction du rectum ?
8. Quelle est la fonction de la sigmoïde ?
9. Quel est le temps de transit des selles au côlon ?
10. Quelle partie de l'intestin grêle récupère les sels biliaires ?
11. Quelle est la seule fonction digestive du foie ?

Réponses : Partie 14

1. La stéatorrhée consiste en des diarrhées graisseuses.
2. C'est la dispersion des lipides dans l'eau.
3. La digestion du cholestérol, des lipides, l'élimination des selles et l'absorption des vitamines liposolubles.
4. Les hépatocytes.
5. 10 cm.
6. L'évacuation des fèces.
7. C'est un amortisseur.
8. C'est un propulseur.
9. De 24 à 48h.
10. L'iléon.
11. La production de bile.

Questions : Partie 15

1. Combien de lobes principaux le foie possède-t-il ?
2. Que sépare les lobes du foie ?
3. En quoi est divisé chaque lobe ?
4. Vers quoi circule le sang à travers les hépatocytes ?
5. Qu'est-ce que le canal hépatique commun ?
6. Quelle est la plus grosse glande de l'organisme ?
7. Où est sécrétée la bile ?
8. Quel est le seul organe qui permet l'élimination du cholestérol ?
9. Le foie exporte des lipides sous quelle forme vers le tissu adipeux ?
10. Quel organe synthétise les lipoprotéines ?

Réponses : Partie 15

1. 2 lobes principaux.
2. Le ligament falciforme.
3. En lobules.
4. Les veines centrolobulaires.
5. Ce sont des canaux hépatiques droit et gauche.
6. Le foie.
7. Dans le canal hépatique commun.
8. Le foie.
9. Sous forme de triglycérides.
10. Le foie.

Questions : Partie 16

1. Nommez les vitamines liposolubles.
2. Nommez les vitamines hydrosolubles.
3. Nommez quelques protéines sanguines.
4. La présence de quelle vitamine les facteurs de coagulation nécessitent-ils ?
5. Que signifie le terme de cirrhose du foie ?
6. Quels sont les macronutriments ?
7. Quels sont les micronutriments ?
8. Qu'est-ce que le nutriment ?
9. Qu'est-ce que le métabolisme ?
10. Qu'est-ce que le métabolisme basal ?
11. De quoi dépend le métabolisme basal ?

Réponses : Partie 16

1. Les vitamines A, D, E et K.
2. Les vitamines B et la vitamine C.
3. L'albumine, les enzymes, les hormones, les immunoglobulines.
4. La vitamine K.
5. C'est la destruction des cellules hépatiques caractérisées par des cicatrices qui peuvent entraver la circulation sanguine du foie.
6. Les glucides, les protéines et les lipides.
7. Les vitamines, les minéraux et les oligo-éléments.
8. C'est la partie des aliments utiles pour le corps et absorbée par l'organisme.
9. C'est toute réaction chimique et physiologique du corps.
10. C'est l'énergie utilisée quand le corps est au repos.
11. Le métabolisme basal dépend du sexe, de l'âge, du mode de vie (le stress), de la

masse maigre et des hormones thyroïdiennes.

Questions : Partie 17

1. Le métabolisme basal représente combien de pourcent de la dépense énergétique ?
2. La thermogénèse représente combien de pourcent de la dépense énergétique ?
3. Combien représente l'activité physique par rapport à la dépense énergétique ?
4. Qu'est-ce que l'IMC ?
5. Quelle est la fonction de l'IMC ?
6. Pourquoi est-ce que les glucides sont considérés comme la source principale d'énergie du corps ?
7. Combien de calories représente 1g de glucides ?
8. Combien de calories représente 1g de protéines ?
9. Quelle est la fonction des fibres alimentaires ?
10. Quelle est la fonction des lipides ?
11. Quelle est la fonction des protéines ?

Réponses : Partie 17

1. De 60 à 70%.
2. Environ 10%.
3. De 20 à 30%.
4. C'est l'indice de masse corporelle.
5. L'IMC détermine la corpulence d'un individu.
6. Car ils peuvent rapidement être utilisés, ou brûlés par le corps en cas de besoin.
7. 1g de glucides= 4kcal/g.
8. 1g de protéines= 4kcal/g.
9. Les fibres alimentaires facilitent le transit intestinal.

10.
- La thermorégulation.
- L'isolation thermique.
- La synthèse des hormones stéroïdiennes.
- Les réserves d'énergies.
- Ils font partie de la membrane plasmique etc.

11.
- La réparation des tissus.

- La croissance.
- La synthèse et métabolisme des enzymes.

Questions : Partie 18

1. Quelle est la valeur énergétique des vitamines ?
2. Nommez une vitamine qui joue un rôle essentiel dans la production d'ADN et ARN.
3. Quel est le rôle de la vitamine C ?
4. Définissez ce qu'est l'héméralopie.
5. Quel est le rôle de la vitamine D ?
6. Quel est le rôle de la vitamine E ?
7. Quelles sont les fonctions des minéraux ?
8. Que provoque la carence en chlore ?
9. Que provoque la carence en zinc ?
10. Donnez un autre nom du tube digestif.
11. Définissez ce qu'est l'absorption.

Réponses : Partie 18

1. Il n'y a aucune valeur énergétique.
2. La vitamine B9.
3. C'est un antioxydant.
4. C'est la cécité nocturne.
5. La synthèse, l'absorption et le métabolisme du calcium.
6. C'est un antioxydant et une vitamine de fertilité.
7. La croissance de tissus et le maintien des ions.
8. Les vomissements, la diarrhée, etc.
9. Des difficultés d'apprentissage, la perte du goût, etc.
10. Le canal alimentaire.
11. C'est le passage des nutriments dans le sang.

Questions : Partie 19

1. Que provoque une carence en vitamine B9 ?
2. Quel est le rôle de la vitamine A ?
3. Que provoque la carence en fluor ?
4. Que provoque la carence en iode ?
5. Que provoque la carence en potassium ?
6. Qu'est-ce que quoi les défensives ?
7. Qu'est-ce que l'ankylogolosse ?
8. Comment classe-t-on les dents ?
9. Quelle est la fonction des dents incisives ?
10. Quelle est la fonction des dents prémolaires et molaires ?
11. Qu'est-ce que les plaques dentaires ?

Réponses : Partie 19

1. Des maux de tête, des palpitations cardiaques, etc.
2. Elle permet une bonne vision.
3. Les caries dentaires.
4. La carence en iode peut provoquer le crétinisme, l'hypothyroïdie, etc.
5. Elle provoque l'insuffisance cardiaque, la tachycardie, l'hypokaliémie, la paralysie, etc.
6. Ce sont des peptides antimicrobiens.
7. C'est un frein de la langue qui rend l'élocution difficile.
8. On les classe par leurs formes et leurs fonctions.
9. Elles servent principalement à couper et pincer la nourriture.
10. Elles servent à broyer et à écraser la nourriture.
11. Ce sont principalement des bactéries, des pellicules de sucres et d'autres substances qui se collent aux dents.

Questions : Partie 20

1. Qu'est-ce que les oreillons ?
2. Quel est le pH de la salive ?
3. Quels sont les 2 types de dentures ?
4. Nommez les classes de dents.
5. Quelle est la fonction des dents canines ?
6. Qu'est-ce que les caries dentaires ?
7. Quelle est la cause des caries dentaires ?
8. Que signifie avoir du tartre dentaire ?
9. Qu'est-ce que la gingivite ?
10. Qu'est-ce que la périodontie ?
11. Qu'est-ce qui protège l'estomac contre l'autodigestion ?

Réponses : Partie 20

1. Ce sont des inflammations des glandes parotides.
2. De 6,75 à 7.
3. La denture primaire et la denture permanente.
4. Les incisives, les canines, les prémolaires et les molaires.
5. Ces dents servent à déchirer la nourriture.
6. Les pourritures des dents.
7. La déminéralisation de l'émail.
8. C'est quand la plaque dentaire se calcifie.
9. C'est l'inflammation des gencives.
10. C'est un cas grave de la gingivite. C'est une infection des tissus qui entourent les dents.
11. Le mucus qu'il sécrète.

Questions : Partie 21

1. Quel organe du système digestif absorbe la plupart des électrolytes ?
2. Quand commence-t-on à perdre la denture primaire ?
3. Qu'est-ce que la proctologie ?
4. Qu'est-ce que le Bruxisme ?
5. Qu'est-ce que le muget ?
6. Qu'est-ce que la boulimie ?
7. Qu'est-ce que l'Iléus ?
8. Est-ce que l'œsophage traverse un muscle ?
9. Si oui, lequel ?
10. Est-ce que la langue est un muscle ?

Réponses : Partie 21

1. Le gros intestin.
2. A l'âge de 6 ans.
3. C'est l'étude et le traitement des maladies du rectum, l'anus et le côlon.
4. C'est le grincement des dents.
5. C'est une infection de la muqueuse de la bouche.
6. C'est une maladie caractérisée par l'ingestion de grandes quantités de nourritures et le fait de provoquer le vomissement.
7. C'est la paralysie du tube digestif.
8. Oui.
9. Le diaphragme.
10. Oui.

Questions : Partie 22

1. Combien de muscles lisses le tube digestif du corps possède-t-il ?
2. Par rapport à la première question, y a-t-il une exception ?
3. Par rapport à la deuxième question, laquelle et combien de muscles lisses a-t-il/elle ?
4. Qu'est-ce qui vascularise la vésicule biliaire ?
5. Quel est le rôle de la vésicule biliaire ?
6. Qu'est-ce que la ptyaline ?
7. Quel est le nerf qui innerve le foie ?
8. Nommez les 2 sphincters de l'estomac.
9. Quelle est la fonction des vitamines ?
10. Qu'est-ce que les sucres rapides ?

Réponses : Partie 22

1. 2.
2. Oui.
3. L'estomac, il a 3 muscles lisses.
4. L'artère cystique.
5. Son rôle est de garder la sécrétion du foie.
6. C'est une amylase salivaire.
7. Aucun.
8. Le cardia et le pylore.
9. Les vitamines sont des coenzymes.
10. Ce sont des sucres qui peuvent être facilement assimilés par l'organisme.

Questions : Partie 23

1. Quelle est la taille du pharynx ?
2. Quelle est la taille de l'œsophage ?
3. Y a-t-il digestion ou absorption dans l'œsophage ?
4. Quel est le pH de l'estomac ?
5. Y a-t-il absorption dans l'estomac ? Si oui, dans quel cas ?
6. Quel est le pH du suc pancréatique ?
7. Où se passe la dernière étape de la digestion ?
8. Quelle est la source d'énergie du foie ?
9. Nommez les 3 processus pour maintenir la glycémie.
10. Qu'est-ce que les lipoprotéines ?

Réponses : Partie 23

1. Environ 13 cm.
2. Environ 25 cm.
3. Non.
4. De 1 à 3.
5. Normalement, il n'y a pas d'absorption dans l'estomac, mais d'une certaine quantité d'eau, de certains médicaments tels que l'aspirine, d'électrolytes et de l'alcool.
6. Environ 8.
7. Le gros intestin.
8. Les lipides.
9. La glycogenèse, la glycogénolyse et la néoglucogenèse.
10. Ce sont des protéines de transport de lipides.

Questions : Partie 24

1. Est-ce que les lipides peuvent circuler librement dans le sang ? Si non, pourquoi ?
2. Qu'est-ce que les LDL ?
3. Qu'est-ce que les HDL ?
4. Est-ce que le système digestif tourne vers l'intérieur ou vers l'extérieur ?

Réponses : Partie 24

1. Non. Car les lipides ne sont pas hydrosolubles.
2. Ce sont des lipoprotéines de basse densité qui transportent les lipides vers d'autres cellules de l'organisme. C'est du mauvais cholestérol.
3. Ce sont des lipoprotéines de haute densité qui transportent les lipides hors des cellules vers le foie pour être éliminés dans la bile. C'est du bon cholestérol.
4. Vers l'extérieur.

Conclusion

Merci encore une fois d'avoir téléchargé ce livre. J'espère que cela vous a aidé à comprendre l'anatomie et la physiologie du corps humain.

S'il vous plaît, si vous avez apprécié ce livre, j'aimerais que vous laissiez un commentaire. Il serait apprécié.

Je vous remercie.

Made in the USA
Columbia, SC
30 December 2020